简明植物组织培养实验手册

■ 杨 玲 王曙光 李 娟 ⊙ 编著

中国林业出版社
China Forestry Publishing House

图书在版编目（CIP）数据

简明植物组织培养实验手册/杨玲，王曙光，李娟编著. -- 北京：中国林业出版社，2021.5

ISBN 978-7-5219-1084-1

Ⅰ.①简… Ⅱ.①杨…②王…③李… Ⅲ.①植物组织—组织培养—实验—手册
Ⅳ.①Q943.1-33

中国版本图书馆CIP数据核字（2021）第048458号

中国林业出版社·林业分社

责任编辑：李　敏

出	版	中国林业出版社（100009 北京市西城区德内大街刘海胡同7号）
网	站	http://www.forestry.gov.cn/lycb.html
印	刷	河北京平诚乾印刷有限公司
发	行	中国林业出版社
电	话	（010）83143575
版	次	2021年5月第1版
印	次	2021年5月第1次印刷
开	本	710mm×1000mm 1/16
印	张	4.25
字	数	69千字
定	价	59.00元

未经许可，不得以任何方式复制或抄袭本书之部分或全部内容。

版权所有　侵权必究

前言 Preface

植物组织培养技术作为现代生物技术，如细胞工程、基因工程等所需要的基本实验技巧的重要组成部分，是大学生和技术员进行植物器官培养、组织培养和离体快速繁殖的基本内容。本书的编写和出版，是根据作者多年的教学经验，以易于获得的植物为材料，设计了14个简明实验，内容包括：组培用具的包装与灭菌、母液配制与保存、培养基的配制与灭菌、无菌接种与愈伤组织诱导、愈伤组织的再分化培养、细胞悬浮培养、外植体消毒与初代培养、继代与增殖培养、试管苗生根培养、试管苗的炼苗与移栽、试管苗的保存、茎尖分离与培养、胚离体培养与无菌苗培育、酶解法制备叶肉原生质体实验。除实验十四操作较复杂外，其他实验操作简单，容易执行，且实验结果重复性高。本书旨在加深学生对植物组织培养的理论基础的理解和认识，使其正确熟练地掌握植物组织培养的基本操作和实验技术，为学生后续进行细胞工程、基因工程等生物技术专业的核心课程奠定良好的专业技术基础。同时，本书编写过程中详述了实验细节，为需要以植物组织培养为基本操作技术的人员提供了清晰的技术指引；也为大多数从事分子遗传学、植物生理学、作物育种学等研究的无经验的人员，分享了可靠的植物组织培养技术的实验室经验。

书中的图片来源于西南林业大学植物组织培养实验课拍摄的照片。

本书的出版得到了"'十三五'国家重点研发计划研究课题

（2018YFD0600102）"和"2019 年高等教育补助经费"以及国家林业和草原局"西南特色林木资源研究与利用"创新团队资助。非常感谢帮助过我们形成与改进本书的所有学生与同事。

由于编著者水平有限，书中遗漏和编排不当，敬请有关专家、同行不吝赐教，提出宝贵意见，以便修订。

编著者

2020 年 12 月

目录

前　言

实验一　组培用具的包装与灭菌 / 1

实验二　母液配制与保存 / 5

实验三　培养基的配制与灭菌 / 9

实验四　无菌接种与愈伤组织诱导 / 13

实验五　愈伤组织的再分化培养 / 18

实验六　细胞悬浮培养 / 21

实验七　外植体消毒与初代培养 / 24

实验八　继代和增殖培养 / 28

实验九　试管苗生根培养 / 31

实验十　试管苗的炼苗与移栽 / 33

实验十一　试管苗的保存 / 36

实验十二　茎尖分离与培养 / 38

实验十三　胚离体培养与无菌苗培育 / 41

实验十四　酶解法制备叶肉原生质体 / 44

主要参考文献 / 47

附录1　植物组织培养常用培养基 / 48

附录2　常用植物生长调节物质的浓度换算 / 53

附录3　常用消毒剂简表 / 54

附录4　植物组织培养常用缩略语 / 55

附录5　植物组织培养实例 / 56

实验一 组培用具的包装与灭菌

一 实验目的

1. 掌握组培用具的清洗及包装方法。
2. 学习和掌握高压蒸汽灭菌的操作方法。

二 实验原理

在植物组织培养中使用清洁的器具极为重要，植物离体细胞对任何毒性物质都十分敏感。毒性物质包括解体的微生物、细胞残余物以及非营养的化学物质。对培养器具清洗和灭菌是否彻底，会直接影响植物组织培养的实验结果，甚至导致实验失败。

三 实验材料和用具

1. 试剂

浓盐酸，蒸馏水。

2. 用具

高压灭菌锅，烘箱，镊子，解剖刀，剪刀，打孔器（孔径 3~12mm），烧杯（500ml），培养瓶，三角瓶，试管，硅胶塞，牛皮纸或报纸，粗棉线，纱布，棉花。

四 实验方法

（一）玻璃器皿的清洗

玻璃器皿在清洗和使用前要仔细检查，避免使用有裂痕的器具。

1. 新购玻璃器皿的清洗

新购买的玻璃器皿上常带有许多干涸的灰尘，同时又带有铅和砷等碱性且对细胞有毒害的物质。在使用前，将器皿放入2%盐酸溶液中浸泡几小时以中和游离的碱性物质，最后用流水冲洗干净（对容量较大的器皿，如大烧杯等，洗净后注入浓盐酸少许，转动容器使其内部表面均匀沾附浓盐酸，数分钟后倾去浓盐酸，再以流水冲洗干净），倒置于洗涤架上晾干。

2. 使用过玻璃器皿的清洗

凡带有活菌的各种玻璃器皿，必须经过高温高压灭菌或消毒后才能进行刷洗。

（1）浸泡和刷洗：用后的玻璃器皿应先用清水浸泡。用软毛刷沾洗涤剂洗去玻璃器皿上的杂质，刷洗时要注意瓶角等部位，不能留有死角。

（2）冲洗：刷洗后用水充分冲洗，不留有任何残迹，然后用蒸馏水漂洗2~3次，晾干备用。

玻璃器皿经洗涤后，若内壁的水均匀分布成一薄层，表示油垢完全洗净；若挂有水珠，则还需认真洗涤。

（二）金属器械的清洗

新金属用具需擦净表面油腻后用热肥皂水洗净，清水冲洗并擦干。用过的用清水冲洗后擦干即可。

（三）晾干或烘干

镊子、解剖刀、打孔器等器材先放在托盘里（较大的器材可直接放入烘箱中），再放入烘箱中，70~80℃烘干。对不急用的器具，可放在实验台上晾干。

（四）包装

（1）培养皿：洗净的培养皿烘干后，一般以 5~10 套同向叠在一起，用报纸包成一包。

（2）吸管：洗净烘干的吸管，在粗口的一端塞入少量脱脂棉（需松紧合适），避免使用时将杂菌吹入其中。每支吸管用长条形报纸，按约 45° 角度螺旋形卷起来。吸管的吸嘴端位于密封卷的头部，另一端将剩余的报纸打成结，标上名称等标记。该法也用于移液管等长条形器皿的包装。

（3）试管：试管可用棉塞或硅胶塞封口。每 7 支试管包成一扎，在棉塞（硅胶塞）部分外包裹报纸（牛皮纸），再用棉绳扎紧（注意棉绳捆扎时用预留活扣的方法打结，以便操作时快捷打开）。

（4）三角瓶：三角瓶内液体不超过瓶身 2/3 高度，用棉塞封口。棉塞要求松紧合适，约 2/3 塞入管口。在棉塞和瓶口外面用报纸（牛皮纸）包好，再用棉绳扎紧（用铝箔更好，不用扎线）。包纸的目的是为了避免灭菌后搬运或存放时尘埃侵入。

（5）镊子、解剖刀、剪刀等：以镊子为例，每把镊子用长方形报纸，镊子夹取端与报纸短边按约 45° 角度放置，并以螺旋形卷起来。在卷折报纸包裹过程中，及时把镊子夹取端报纸折回并继续裹卷。注意：应将镊子夹取端位于密封卷的头部，另一端将剩余的报纸打成结，标上名称等标记。所有长条状或近似长条状用具的包装方法都可按镊子的包装方法进行包装，注意打结一端均是可用手直接拿取的尾端或柄部。

为了使操作过程用到的工具不遗漏或错拿，各组可将各种已包好的用具再用一张大报纸包裹好。

（6）不锈钢托盘：该托盘用作切割材料的砧板（也可用大小合适的未印刷过的硬质纸板代替）。每个托盘里可放入 1~2 张滤纸，以便吸附清洗后材料表面的水分或擦拭继代材料沾附的琼脂，再用报纸将整个托盘包起来。

（五）高压蒸汽灭菌（灭菌条件：121℃，30min）

（1）检查灭菌锅水位线，水量过少时应加水。把待灭菌物品放入灭菌锅的消毒桶内。

（2）盖上锅盖，注意按照说明操作并确定已盖好，设置好温度和时间参数，开启电源加热灭菌。

（3）灭菌时间结束后，需等待灭菌锅内温度和压力自然下降。当灭菌锅温度降至90℃以下或灭菌锅压力表指针降到0时，先打开排气阀，再开启锅盖，取出已灭菌的物品（勿弄破外包装），并于烘箱内烘干。

五 实验报告

各小组根据实验四所需的无菌类组培用具（除培养基外），进行相应器具的清洗、烘干、包装和高压灭菌，并对无菌器具准备过程中出现的问题进行报告。

六 思考题

（1）组培中常用的灭菌方法有哪些？请分别说明其原理。

（2）使用高压灭菌锅进行灭菌时，应注意哪些问题？

实验二 母液配制与保存

一 实验目的

1. 通过 MS 培养基母液的配制，掌握配制培养基母液的基本操作。
2. 掌握植物激素母液的配制方法。

二 实验原理

为了配制培养基方便和用量准确，通常按培养基配方中各试剂的用量，分别扩大若干倍后先配制成一系列的母液置于冰箱中保存，使用时按比例量取母液进行稀释配制即可。这种方法称为母液法。

三 实验材料和用具

1. 试剂

NH_4NO_3，KNO_3，$CaCl_2 \cdot 2H_2O$，$MgSO_4 \cdot 7H_2O$，KH_2PO_4，KI，H_3BO_3，$MnSO_4 \cdot 4H_2O$，$ZnSO_4 \cdot 7H_2O$，$Na_2MoO_4 \cdot 2H_2O$，$CuSO_4 \cdot 5H_2O$，$CoCl_2 \cdot 6H_2O$，$Na_2 \cdot EDTA \cdot 2H_2O$，$FeSO_4 \cdot 7H_2O$，烟酸，甘氨酸，盐酸硫胺素，肌醇，盐酸吡哆醇，2,4-D，NAA，6-BA，IBA，KT。

2. 用具

电炉，冰箱，天平（感量为 0.0001g），蒸馏水器，烧杯（50ml，100ml，500ml，1000ml），量筒（1000ml，100ml，25ml），容量瓶（1000ml，500ml，100ml），无色磨

口试剂瓶（100ml，1000ml），棕色磨口试剂瓶（100ml，1000ml），药勺，称量纸，pH试纸，滴管，玻璃棒。

四 实验方法

（一）MS培养基母液配制

1. MS培养基母液

根据MS培养基配方和表2-1列出的MS培养基母液放大倍数和体积，计算各种试剂按相应倍数放大后的用量。

表2-1　MS培养基母液的浓缩倍数及体积

母液名称	放大倍数	配制体积（ml）
大量元素母液/母液Ⅰ	×10	500
微量元素母液/母液Ⅱ	×200	500
铁盐母液/母液Ⅲ	×200	500
有机化合物母液/母液Ⅳ	×200	500

考虑到课程实验所用培养基数量不多，且为了避免污染等导致试剂浪费，培养基的各种母液配制500ml即可。

2. 大量元素母液的配制

先用量筒量取蒸馏水大约350ml，倒入500ml的烧杯中。依次称取：NH_4NO_3 8.25g，KNO_3 9.5g，$MgSO_4 \cdot 7H_2O$ 1.85g，KH_2PO_4 0.85g，$CaCl_2 \cdot 2H_2O$ 2.2g。先将NH_4NO_3倒入蒸馏水中，轻轻搅拌使其溶解；待全部溶解后再加入KNO_3，其余试剂依此操作。$CaCl_2 \cdot 2H_2O$单独用煮沸后的蒸馏水溶解，再并入500ml烧杯的溶液中；搅拌均匀后，将溶液倒入500ml的容量瓶中，并用少量蒸馏水涮洗3遍，一并倒入容量瓶，再加蒸馏水定容至500ml，即得到浓缩10倍的母液。（为避免产生沉淀，配制时需按本步骤称量顺序溶解各试剂）

3. 微量元素母液的配制

先依次称取$MnSO_4 \cdot 4H_2O$ 2230mg，$ZnSO_4 \cdot 7H_2O$ 860mg，H_3BO_3 620mg，KI 83mg，$Na_2MoO_4 \cdot 2H_2O$ 25mg，用蒸馏水逐个溶解于500ml的烧杯中。而用量很

少的 $CuSO_4·5H_2O$ 和 $CoCl_2·6H_2O$ 这两种试剂，可分别称取 0.05g、溶于 100ml 蒸馏水中，得到浓度为 0.5mg/ml 的过渡性溶液。再分别从过渡性溶液里量取 5ml 加入到 500ml 烧杯的溶液中。最后用容量瓶定容至 500ml 成 200 倍液。

4. 铁盐母液的配制

把 2780mg 的 $FeSO_4·7H_2O$ 和 3730mg 的 $Na_2·EDTA·2H_2O$ 分别放入装有约 150ml 蒸馏水的烧杯中，加热搅拌使之溶解完全。再将 $FeSO_4$ 溶液慢慢倒入 $Na_2·EDTA$ 溶液中并继续加热（保持不沸腾）、搅拌，至溶液呈金黄色。用蒸馏水补充水分并接近最终体积。待溶液降至室温时将 pH 值调节到 5.5，最后定容到 500ml 即成 200 倍液。

5. 有机化合物母液的配制

依次称取肌醇 10000mg，维生素 B_1 10mg，烟酸 50mg，甘氨酸 200mg，维生素 B_6 50mg，用蒸馏水逐个溶解，待全部溶解后，定容至 500ml 成 200 倍液。

（二）植物生长调节物质母液的配制

（1）各植物激素母液的配制取决于培养基配方的需要，可根据需要放大 500 倍或 1000 倍，其母液浓度可配制成 0.1~1mg/ml。常用的生长调节物质的配制与保存见表 2-2。

表 2-2　常用植物生长调节物质的溶解与母液贮存条件

生长调节物质	溶剂	贮存条件
2,4-D	95% 乙醇	冷藏
IBA	1mol/L NaOH	冷藏
IAA	1mol/L NaOH	避光冷藏，最好 1 周以内使用
NAA	1mol/L NaOH	冷藏
BA	1mol/L NaOH	冷藏
KT	1mol/L NaOH	冷藏
ZT	1mol/L NaOH	冷藏
TDZ	1mol/L NaOH	冷藏

（2）以 2,4-D 为例，详细介绍配制方法：准确称取 2,4-D 试剂 10mg 至洁净小烧杯中，先用少量 95% 乙醇完全溶解后，加蒸馏水定容至 100ml，即配成浓度

为 0.1mg/ml 的 2,4-D 母液。

（三）母液保存

（1）装瓶：将配制好的各种母液分别装入细口试剂瓶中（铁盐母液需装入棕色瓶中），贴上标签，注明母液名称、浓度、配制日期、配制人姓名。

（2）贮藏：最好在 2~4℃冰箱中保存（铁盐母液可先在室温下避光保存一段时间，令其充分反应后再冷藏），贮存时间不宜过长。使用这些母液之前必须轻轻摇动瓶子，如果发现其中有沉淀、悬浮物时，则不能使用，应重新配制。

五 实验报告

分组进行母液的配制。根据本小组被指定的母液配制工作，详述其配制过程，并对配制过程中出现的问题进行报告。

六 思考题

配制培养基母液时，应如何防止沉淀的产生？

注意事项：

1. 微量元素用量较少，尤其是 $CuSO_4 \cdot 5H_2O$ 和 $CoCl_2 \cdot 6H_2O$，如果仍按照 200 倍放大，也仅 5mg，如此微小的质量想做到准确称量难度极大。因而本实验中按一定比例放大后单独称量，并配制成过渡性溶液，再按比例量取加入到母液Ⅱ的其他成分里即可。另 $CoCl_2 \cdot 6H_2O$ 容易吸潮，称量时应快速，同时可用洁净的小烧杯做称量皿，以便称量后直接在小烧杯里溶解后再转移。

2. 尽管资料显示，细胞分裂素可溶于强酸和强碱，但对于 BA，在实验过程中发现用 1mol/L NaOH 溶解效果比用 HCl 溶解好。

实验三
培养基的配制与灭菌

一、实验目的

1. 理解培养基配制的原理。
2. 通过母液法配制培养基和用市售培养基干粉配制培养基，掌握配制培养基的一般方法和步骤。

二、实验原理

植物组织培养基在外植体的去分化、再分化、出芽、增殖、生根等过程中起着重要的作用。因培养基原料和盛装容器均带菌，且在开放的环境中制备而成，故分装封口的培养基一定要立即灭菌，以防污染。培养基的灭菌一般采用高温湿热灭菌。在密闭的蒸锅内，其中的蒸汽不能外溢致压力不断上升，水的沸点不断提高，从而锅内的温度也随之增加。在0.105MPa压力下，锅内温度可达121℃，可破坏蛋白质和核酸中的氢键，导致核酸破坏，蛋白质变性或凝固，酶失去活性，微生物因而死亡。

三、实验材料和用具

1. 试剂

MS培养基干粉（不含蔗糖、琼脂），实验二配制的各种母液，琼脂，蔗糖，1mol/L HCl，1mol/L NaOH。

2. 用具

蒸馏水器、高压灭菌锅、微波炉、电炉、天平、烧杯（50ml、100ml、500ml、1000ml）、量筒（1000ml、100ml、25ml）、移液管（10ml、5ml、2ml、1ml、0.5ml）、药勺、称量纸、玻璃棒、吸耳球、滴瓶、pH试纸、培养瓶、瓶盖（或耐高温筒膜）、线绳、标签纸、记号笔。

四 实验步骤

培养基配方：MS+0.1mg/L 2,4-D+2% 蔗糖 +0.5% 琼脂，pH 5.8

（一）母液法配制培养基（以配制1000ml的培养基为例）

（1）将实验二制备的各种母液在实验桌上按顺序放好。

（2）计算MS各种母液的取用量：设配制培养基的浓度为"单位1"，吸取母液Ⅰ/Ⅱ/Ⅲ/Ⅳ的体积为 x ml，以母液Ⅰ为例进行计算公式推导：

$$1000 \times 1 = 10（母液Ⅰ放大倍数）\times 1 \times x$$

$$x = 1000/10 = 100\text{ml}$$

计算公式：母液取用量（ml）= 配制培养基体积（ml）÷ 母液放大倍数

（3）取100ml烧杯一个，用各母液专用移液管或移液枪分别吸取大量元素母液、微量元素母液、有机母液、铁盐母液和2,4-D母液，置于小烧杯中备用。

（4）取1000ml烧杯一个，加入800ml蒸馏水，称量琼脂5g倒入其中，置于电炉上或微波炉内加热溶解；待琼脂完全溶化后，加入20g蔗糖溶解；再将已准备好的、含有大量元素、微量元素、铁盐、有机物和2,4-D母液的混合液倒入烧杯中，并用少量蒸馏水涮洗3遍，一并倒入1000ml烧杯中，加蒸馏水定容。

（5）充分搅拌混合均匀后，用1mol/L NaOH 和 1mol/L HCl 调节培养基的pH为5.8。

（6）趁热把培养基分装到广口瓶中，每瓶约50ml，并立即封盖。贴上标签，注明培养基名称、配制者姓名和配制日期，待灭菌。

（二）市售培养基干粉法配制培养基

MS培养基干粉，由厂家按培养基配方批量制作和生产的产品，在选择使用时，需注意区分培养基干粉类型（有含蔗糖、琼脂的全成分类型，有不含蔗糖、琼脂的类型，甚至还有不含蔗糖、琼脂、有机物的类型）。

（1）取 1000ml 烧杯一个，加入约 500ml 蒸馏水，称量琼脂 5g 倒入烧杯中，将烧杯置于电炉上或微波炉内加热，待琼脂完全溶化后保温备用。

（2）另取一个 500ml 烧杯，按 MS 培养基干粉使用说明，根据配制培养基体积称量相应质量的 MS 培养基干粉，放入烧杯中用约 400ml 蒸馏水溶解。

（3）将 500ml 烧杯中已经完全溶解的 MS 干粉溶液加入溶解琼脂的 1000ml 烧杯中，再加入蔗糖 20g，充分溶解。

（4）用移液管或移液枪量取 1ml 2,4-D 母液，加入 1000ml 烧杯中，用蒸馏水定容至 1000ml。

（5）充分混合后，用 1mol/L NaOH 和 1mol/L HCl 调节培养基的 pH 为 5.8。

（6）趁热分装培养基，并做好标记。

（三）培养基的灭菌

（1）按母液法配制成的培养基，因每瓶分装体积较少且无特殊添加物，其灭菌条件为 121℃，15min；如果所用的是已经灭过菌的不耐高温的塑料培养容器，培养基可装在 1000ml 的三角瓶中，以铝箔或棉塞封住瓶口，进行高压灭菌（15~25min，灭菌时间需根据体积进行调整）。灭菌后使培养基冷却到大约 60℃，然后在无菌条件下将其分装到塑料容器中。

但若采用培养基干粉配制而成的，灭菌条件应遵守干粉的使用说明。

（2）灭菌结束后，等灭菌锅温度降至 90℃ 以下或灭菌锅压力表指针降到 0 时，先打开排气阀，再旋松螺栓，开启锅盖，取出已灭菌的培养瓶。

（3）刚灭过菌的培养基成液体状，取出后平稳地放置在水平桌面上自然冷却、凝固。在室温下放置 1~2d，观察有无杂菌生长，以确定培养基是否彻底灭菌。经检查没有杂菌生长的方可使用。

五 实验报告

（1）计算各母液的吸取量。

（2）各组配制 10 瓶培养基，汇报培养基制备的过程。

六 思考题

1. 培养基配制好后，为什么必须立即灭菌？
2. 培养基在制备过程中，应注意哪些问题？

实验四
无菌接种与愈伤组织诱导

一、实验目的

1. 了解紫外线灭菌的原理，学习接种室灭菌的基本操作。
2. 学习植物材料消毒方法。
3. 学习并掌握无菌接种的基本方法。

二、实验原理

植物组织培养要求严格的无菌条件和无菌操作技术。接种前需将培养基及各种使用器具上的细菌与真菌等微生物杀灭；从植物组织分离出来、用来培养的外植体，在接种前必须选择合适的消毒方法（消毒剂种类、浓度、消毒时间等）对外植体进行消毒，获得无菌材料进行培养，这是取得植物组织培养成功的前提和重要保证。

三、实验材料和用具

1. 无菌类

4 瓶培养基（MS+0.1mg/L 2,4-D+2% 蔗糖 +0.5% 琼脂），1 瓶 900ml 无菌水，1 个 500ml 烧杯，2 个不锈钢托碟 + 吸水纸，2 把大号镊子，2 把中号镊子，2 把解剖刀，1 套不锈钢打孔器（孔径 3~12mm）。

2. 非无菌类

直根胡萝卜。

1 台超净工作台，20%（v/v）的次氯酸钠的消毒液 400ml（加几滴吐温 -80），1 个消毒缸，2 盏酒精灯，1 个火机，1 个 1000ml 的废液缸，1 瓶 150ml 的 75% 乙醇，1 瓶酒精棉球，1 把大号镊子，去污粉（或洗衣粉），1 个喷雾器，1 支记号笔，橡皮筋若干，鞋套，肥皂，毛巾。

四 实验步骤

（1）用 75% 酒精棉球擦拭超净工作台内的上、下、左、右、前、后各个面，按照由上往下、由内往外的方向进行。擦拭完毕将培养基及各种器具放入超净工作台（为避免在接种操作时再次调整器具以造成气流扰动，应尽可能按照便于取用的原则一步布置到位），摆放位置如图 4-1 所示。

图 4-1　接种器具在超净工作台面的布置

（2）待擦拭及器具摆放完成后，开启超净工作台，指定专人用 75% 乙醇对接种室进行喷雾消杀。再打开超净工作台紫外灯及接种间紫外灯，照射 30min；然后关闭紫外灯，打开房间换气扇及开启超净工作台的风机，通风 20min 后，人员即可进入做无菌操作。（房间紫外线照射时需拉上窗帘，紫外灯关闭后勿立即打开窗帘及日光灯）

（3）等待接种室灭菌过程中可同时对外植体进行整理与清洗。先将胡萝卜根在流动的自来水下用软毛刷沾洗衣粉涮洗干净，切去两端过细或过粗的部分，切成 8~10cm 长的段，放入 500ml 有盖消毒缸中备用。

（4）把添加 1~2 滴吐温 –80 的 20%（v/v）的次氯酸钠的消毒液倒入消毒缸，将胡萝卜材料淹没，消毒时长为 25min。在整个消毒过程中需不时轻轻晃动消毒缸，使消毒液能充分作用到材料表面。

（5）操作人员用肥皂水清洗双手至手肘部位，尤其是指甲缝隙处。

（6）操作人员进入无菌室的缓冲间，套上鞋套，佩戴口罩。把对胡萝卜进行消毒处理的消毒缸转移到无菌室，用酒精棉球充分擦拭消毒缸的外表面后轻轻放入超净工作台内。消毒时间结束后，立即用无菌镊子将胡萝卜转移到玻璃烧杯中，用无菌水充分清洗 3 次，清洗完成后转移到无菌托碟上备用，用吸水纸吸干水分。

（7）用无菌大号镊子轻轻夹住胡萝卜，用解剖刀从外植体两端各切去 10mm（避免取到受消毒液损伤的组织，影响培养效果），将余下的根切成一系列约 7mm 厚的横切片。用孔径 8~10mm 打孔器，跨过形成层切割得到圆柱体（图 4–2），这样每块外植体都包含韧皮部、形成层和木质部三部分。重复这一程序直到积累了足够数量的外植体。

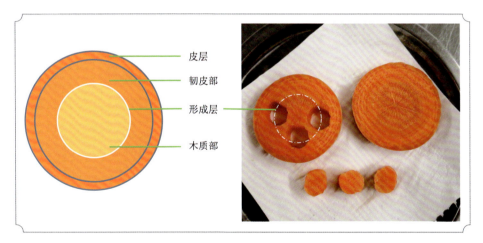

图 4–2　胡萝卜肉质根的横切示意图及外植体切取

（8）打开培养瓶的瓶盖前，用火烧灼瓶颈一周，取下瓶盖。用镊子夹取 4~6 块外植体平放在培养基上，并用镊子轻轻压一压，使其插入到琼脂里。接种时注意极性，也即将近根尖的一面接触培养基。接种完成，将瓶口和瓶盖分别在火焰上方烧灼后，立即封好瓶口。

（9）将培养瓶放到培养箱里，在25℃下的黑暗中培养4~6周。通常，培养1周后，在外植体表面形成少量无色愈伤组织。培养5周后，可获得充分生长的愈伤组织，外植体体积明显增大。

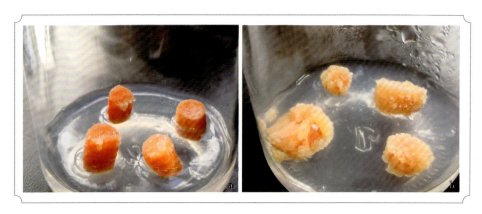

图4-3　外植体产生的愈伤组织
a. 培养8d，外植体产生极少的愈伤组织；b. 培养5周，愈伤组织生长充分

五 实验报告

（1）接种2d天后观察污染情况，计算污染率。

污染率 = 污染的材料数 / 接种材料总数 × 100%

（2）每周观察并记录胡萝卜外植体产生愈伤组织的情况，包括培养物形态的变化，愈伤组织出现的时间以及愈伤组织的形态特征（愈伤组织的颜色、质地等），愈伤组织的生长状况等，填入表4-1，并计算愈伤组织诱导率。

表4-1　外植体产生愈伤组织的情况

接种日期	观察日期	接种数	污染数	诱导数	诱导率	愈伤组织的形态特征及长势

诱导率 = 形成愈伤组织的材料数 / 接种材料总数 × 100%

六　思考题

影响愈伤组织形成的因素有哪些?

注意事项：

1. 在无菌操作过程中，经常用酒精棉球擦手及操作台面。不要对着无菌的材料器皿讲话与呼吸，更要防止打喷嚏。

2. 每组的下一个同学在使用操作器械前需要将前面同学用过的器械进行灼烧灭菌处理。方法是将器械浸沾75%乙醇后置于酒精灯火焰上充分灼烧，待完全冷却后方可使用。

实验五
愈伤组织的再分化培养

一 实验目的

学习和掌握运用植物生长调节物质调控愈伤组织分化的基本方法。

二 实验原理

脱分化的细胞团或组织经重新分化而产生新的具有特定结构和功能的组织或器官的过程称为再分化。在该过程中,生长素和细胞分裂素之间的比例关系起着决定作用,调控着愈伤组织的芽或根的分化:当生长素相对浓度较高,则有利于细胞增殖和根的分化;若细胞分裂素的相对浓度较高,则促进茎芽的分化;当这二者之间的比例适中时,则仍产生无结构的愈伤组织。

三 实验材料和用具

1. 无菌类

4瓶不定芽诱导培养基,4瓶不定根诱导培养基,2个不锈钢托碟+吸水纸,2把中号镊子,2把解剖刀。

2. 非无菌类

1台超净工作台,2盏酒精灯,1个火机,1瓶150ml的75%乙醇,1瓶酒精棉球,1把大号镊子,1个喷雾器,记号笔,鞋套,肥皂,毛巾。

实验五 愈伤组织的再分化培养

四 实验步骤

（1）培养基制备：

① MS+6-BA 1.0mg/L+NAA 0.1mg/L+2% 蔗糖 +0.6% 琼脂，pH5.8。

② MS+6-BA 1.0mg/L+NAA 0.3mg/L+2% 蔗糖 +0.6% 琼脂，pH5.8。

③ MS+NAA 0.1mg/L+1% 蔗糖 +0.6% 琼脂，pH5.8。

（2）接种室的紫外线照射灭菌及人员无菌操作前准备。

（3）在超净工作台上，将实验三所获得的愈伤组织从培养瓶中取出置于无菌托盘上，用解剖刀将愈伤组织从原外植体表面切下来。为使愈伤组织不分散，切割时应带薄薄一层胡萝卜块根的组织。再将愈伤组织切割成约 1cm×1cm 大小的小块，接种到再分化培养基中，带有原外植体组织的那一面朝下（图5-1）。置于 25℃、在 2000lx、每天 14h 光照下培养。并逐日观察记录愈伤组织的形态变化，并在3~4周后统计愈伤组织的不定芽或不定根的分化率。

图 5-1 胡萝卜愈伤组织的再分化
a. 愈伤组织上分化出不定芽；b. 愈伤组织不同部位分化不定芽与不定根

五 实验报告

（1）观察并记录胡萝卜块根愈伤组织在分化培养基上培养3~4周后的生长和不定芽/根的分化状况，并计算愈伤组织的不定芽/根诱导率。

诱导率＝（生芽/根愈伤组织块数 ÷ 接种愈伤组织总块数）×100%

（2）自行列表，按提示内容比较三种再分化培养基诱导胡萝卜愈伤组织器官分化的差别（如不定芽出现时间、不定芽数目、不定芽的形态、不定根出现时间、不定根数目等）。

六 思考题

影响愈伤组织分化的因素有哪些？

实验六
细胞悬浮培养

一 实验目的

通过实验操作，学习并掌握植物细胞悬浮培养的一般方法。

二 实验原理

将游离的植物细胞或松散的愈伤组织按照一定的细胞密度，悬浮在液体培养基中，使其受到不断搅动或摇动，在此压力下，细胞团破碎成小细胞团和单细胞，均匀地分布在培养基中。故细胞增殖速度快，在短期内能大量提供均匀的植物细胞，用于细胞生长研究及各种不同物质对细胞反应影响的研究。

三 实验材料和用具

1. 无菌类

4~5周龄的胡萝卜愈伤组织。

愈伤组织继代培养基，液体悬浮培养基，100ml三角瓶，2个不锈钢托碟+吸水纸，2把中号镊子，2把解剖刀，3支25ml注射器。

2. 非无菌类

倒置显微镜，光学显微镜，培养箱，摇床，1台超净工作台，2盏酒精灯，1个火机，1瓶150ml的75%乙醇，血球计数板，1瓶酒精棉球，1把大号镊子，1个喷雾器，记号笔，鞋套，肥皂，毛巾。

四 实验步骤

（1）培养基制备：

① 愈伤组织继代培养基（M1）：MS+2,4-D 0.1mg/L+2% 蔗糖+0.5% 琼脂，pH5.8。

② 液体悬浮培养基（M2）：MS+2,4-D 0.1mg/L+1g/L 水解酪蛋白+2% 蔗糖，pH5.8。

（2）提高愈伤组织松散性：选长势较好、黄白色的愈伤组织，切割成约 0.5cm×0.5cm 大小，接种于 M1 培养基上，在 25℃下的黑暗中培养。4 周后再次继代，经 2~3 次的重复继代培养，可获得表面湿润并质地疏松的愈伤组织。

（3）细胞悬浮培养系建立：用镊子夹取 2~2.5g 松软的愈伤组织，放入 100ml 三角瓶中并轻轻夹碎。三角瓶为培养瓶，加入 25ml M2 培养基，将三角瓶置于摇床上，在黑暗条件或漫射光以下，100r/min，25~28℃，进行振荡培养。

（4）继代培养：经 10d 后开始继代培养，方法是先使三角瓶静置数秒，以便让大的细胞团沉降下去，然后用吸管或注射器由液体上层吸取 10ml 悬浮培养物转移到另一瓶含有 15ml 新鲜 M2 培养基的三角摇瓶中。混合均匀，继续培养。

（5）以后继代间隔时间缩短为 7~8d，一般继代 3 次后培养液变清，可建立良好的细胞悬浮培养系。

胡萝卜细胞悬浮培养如图 6-1 所示。

图 6-1 胡萝卜细胞悬浮培养
a. 由胡萝卜根诱导的愈伤组织；b. 松散的愈伤组织；c. 结构松散的小细胞团

五 实验报告

1. 报告细胞悬浮培养系的建立过程，并获得悬浮细胞。
2. 每天定时取样测定同一瓶培养液中的细胞数，以时间为横坐标、细胞数目为纵坐标，制作细胞悬浮培养物的生长曲线。

六 思考题

建立悬浮细胞系的必要前提是什么？

实验七
外植体消毒与初代培养

一 实验目的

进一步熟悉并掌握植物材料的处理和消毒方法,掌握无菌接种技术。

二 实验原理

植物器官再生有多种类型,其中不定芽形成和腋芽再生是许多植物快繁的主要方式。植物的根段、茎段(鳞茎、球茎、块茎、匍匐茎)或叶块等,在离体的条件下,通过培养基中适当配比的植物激素的影响,可产生不定芽。或者将枝条接种在适当配比的植物激素的培养基上后,可使腋芽从顶端优势下解脱出来,增加腋芽生枝能力,发育成小枝条。与不定芽形成方式相比,带有腋芽茎切段培养具有培养技术简单、繁殖速度快且无性系后代变异少等优点,已成为一种常规的生产技术。

三 实验材料和用具

1. 无菌类

4瓶培养基,1瓶900ml无菌水,1个500ml烧杯,2个不锈钢托碟+吸水纸,2把中号镊子,2把剪刀。

2. 非无菌类

菊花嫩枝,红叶石楠当年生枝条,猕猴桃嫩叶。

实验七 外植体消毒与初代培养

0.1% 升汞消毒液 200ml（加几滴吐温 -80），20%（v/v）次氯酸钠消毒液 400ml（加几滴吐温 -80），1 台超净工作台，1 个消毒缸，2 盏酒精灯，1 个火机，1 个 1000ml 的废液缸，1 瓶酒精棉球，1 把大号镊子，去污粉（或洗衣粉），1 个喷雾器，记号笔，橡皮筋若干，鞋套，肥皂，毛巾。

四 实验步骤

（1）培养基制备：

①菊花初代培养基：MS+6-BA 2mg/L+NAA 0.01mg/L+3% 蔗糖 +0.6% 琼脂，pH5.8。

②红叶石楠初代培养基：MS+6-BA 1.5mg/L+IBA 0.1mg/L+3% 蔗糖 +0.6% 琼脂，pH5.8。

③猕猴桃初代培养基：MS+6-BA 1.5mg/L+IBA 0.5mg/L+3% 蔗糖 +0.6% 琼脂，pH5.8。

（2）接种室的紫外线照射灭菌及人员无菌操作前准备。

（3）菊花枝条消毒与接种：取当季新萌发 2 周左右的茎段，剪去叶片，保留护芽的叶柄，在洗涤液中浸泡 5min，顺叶柄方向刷洗并在自来水下冲洗干净后，先用 75% 乙醇处理 20~30s，再用 20%（v/v）的次氯酸钠消毒液（每升滴加 5 滴吐温 -80）消毒 12min（为防茎段漂浮可自制纱布袋或在茎段上方压上一个大小合适的培养皿），并不时轻轻搅动。消毒结束后用无菌水清洗 3 次，无菌纸吸干水分。用剪刀剪去两端受损部分，再剪成带节的段（长度为 2~2.5cm），按极性方向接种到培养基上，每瓶可接入 3~4 段。

（4）红叶石楠枝条消毒与接种：取半木质化的带芽枝条，剪去叶片，保留护芽的叶柄，在洗涤液中浸泡 30min，用软毛刷充分刷洗，在流水下冲洗 1h。先用 75% 乙醇处理 20~30s，再用 0.1% 升汞（每升滴加 5 滴吐温 -80）消毒 5~6min，并不时轻轻搅动。消毒结束后用无菌水清洗 5~6 次，吸干水分。剪成带芽的茎段（长度为 2~2.5cm），接种时注意极性，每瓶可接入 2~3 段。

（5）猕猴桃叶片消毒与接种：采幼嫩、无病虫害的叶片，先用洗涤剂溶液刷洗（尽可能地轻柔，以免刷破叶片），再用自来水充分冲洗干净，流水冲洗约 1h。

沥干水分后先用75%的乙醇浸泡约20s,再用20%(v/v)的次氯酸钠(每升滴加5滴吐温-80)消毒14~15min,然后用无菌水清洗3次。剪成1.0cm×0.6cm左右的小块,叶片上表面向上接种于培养基上,每瓶接种4~6块。

（6）培养：将培养瓶放置在23℃±2℃,光强800~1200lx,光周期为12h的环境下培养（猕猴桃叶块需经4周暗培养后再转移至光照下培养）。

初代培养与器官再生如图7-1所示。

图7-1 初代培养与器官再生
a.菊花试管苗；b.红叶石楠试管苗；c.猕猴桃叶块产生的不定芽；d.猕猴桃试管苗

五 实验报告

（1）接种2d后观察污染情况,计算污染率。对污染情况的观察一直持续到下次继代培养前止。

$$污染率=（污染的材料数/总接种材料数）×100\%$$

（2）每周观察并记录外植体萌动的情况,包括外植体基部是否有愈伤组织

实验七
外植体消毒与初代培养

出现及其出现时间,侧芽萌发时间及芽的生长状况(萌芽数及芽平均长度)等。并注意观察是否有玻璃化、死亡等异常情况出现。将观察结果填入表 7-1。

表 7-1　外植体萌动情况

接种日期	观察日期	接种数	污染数	不定芽形成数	腋芽萌发数	生长状况

六　思考题

在消毒液中加入 1~2 滴表面活性剂如吐温 –80 有什么作用?还有哪些物质可作为表面活性剂使用?

实验八 继代和增殖培养

一 实验目的和要求

熟练掌握无菌接种的方法。

二 实验原理

当培养物在培养基上培养一段时间后,为防止细胞老化或培养基养分不平衡而造成营养不良,或因代谢物积累过多而产生毒害等的影响,需及时将培养物转接到新的培养基上继续培养。进行继代培养的主要目的是为了培养物增殖,培养材料受培养基中适当配比的激素的影响不断发生腋芽而成丛生状芽,可获得大量无根小苗,有利于植物快繁的进行。

三 实验材料和用具

1. 无菌类

2瓶5~6周龄红叶石楠试管苗,4瓶培养基,2个不锈钢托碟+吸水纸,2把中号镊子,2把剪刀。

2. 非无菌类

1台超净工作台,2盏酒精灯,1个火机,1瓶150ml的75%乙醇,1瓶酒精棉球,1把大号镊子,1个喷雾器,记号笔,鞋套,肥皂,毛巾。

四 实验步骤

（1）培养基制备：

红叶石楠增殖培养基：MS+6-BA 1.0mg/L+KT 0.5mg/L+IBA 0.2mg/L+3%糖+0.6%琼脂，pH5.8。

（2）对超净工作台、接种室进行紫外线照射灭菌及人员无菌操作前准备。

（3）继代接种，将已培养了一段时间的红叶石楠组培瓶转移到接种室，在将瓶放入超净工作台前用75%的酒精棉球擦拭瓶外表面，减少附在瓶外壁上的灰尘与微生物。然后在酒精灯火焰旁进行无菌操作，将瓶内试管苗用镊子夹出放到托盘上，取健壮的苗剪成2~3cm的带腋芽茎段，转接到增殖培养基上，促使嫩茎长出更多的侧枝（图8-1）。

图8-1 红叶石楠继代培养
a.红叶石楠组培苗继代到增殖培养基中；b.腋芽萌发形成郁郁葱葱的外观

（4）培养条件：培养温度23℃±2℃，光强2000lx，光周期16h/d。

五 实验报告

每周观察并记录外植体萌动的情况，包括侧芽萌发时间、萌芽数及新枝平均长度、叶形态及颜色等，计算增殖系数。并注意观察是否有愈伤化、褐化或死亡等异常情况出现。

增殖系数 =（培养一个周期后生成的有效苗数 / 接种外植体数）× 100%

六 思考题

1. 组培快繁的基本步骤有哪些？
2. 组培快繁中茎芽增殖的途径有哪几种？各有什么特点？

实验九 试管苗生根培养

一 实验目的和要求

学习并掌握运用植物生长调节物质调控器官形成的原理与方法。

二 实验原理

对于大多数物种来说，生根培养基中盐的浓度减少为茎芽增殖培养基的 1/2 或 1/4，并且添加一定浓度的生长素，有利于诱导无根苗生根。

三 实验材料和用具

1. 无菌类

1 瓶 4~5 周龄菊花试管苗，4 瓶培养基，2 个不锈钢托碟 + 吸水纸，2 把中号镊子，2 把剪刀。

2. 非无菌类

1 台超净工作台，2 盏酒精灯，1 个火机，1 瓶 150ml 的 75% 乙醇，1 瓶酒精棉球，1 把大号镊子，1 个喷雾器，记号笔，鞋套，肥皂，毛巾。

四 实验步骤

（1）生根培养基制备：

① 对照培养基：1/2MS +2% 糖 +0.6% 琼脂，pH5.8。

② 1/2MS +NAA 0.1mg/L+2% 糖 +0.6% 琼脂，pH5.8。

③ 1/2MS +NAA 0.2mg/L+2% 糖 +0.6% 琼脂，pH5.8。

（2）接种前准备：对超净工作台、接种室进行紫外线照射灭菌和人员无菌操作前准备。

（3）接种：在超净工作台上进行无菌操作。将菊花苗培养瓶转移到接种室，在将瓶放入超净工作台前用 75% 的酒精棉球擦拭瓶外表面，减少附在瓶外壁上的灰尘与微生物。选取生长健壮的试管苗，切成约 1.5cm 的茎段，接种到培养基中，注意茎的极性。每瓶可接入 2~3 段。

（4）培养：于温度 25℃ ±2℃，光强 2000lx，光周期为 12h/d 的环境下培养。通常在培养一周后，可见不定根长出。

五 实验报告

（1）每天观察并记录外植体生长情况（叶片形态和颜色、苗高变化）和不定根发生情况（发生时间、不定根的颜色、根长、生根条数与分布状况），并计算生根率，自行设计一个表格将观察结果填入表格中。并注意观察是否有污染、玻璃化等异常情况出现。

$$生根率 = （生根苗数 / 接种无根苗总数）\times 100\%$$

（2）比较不同浓度生长素对于菊花组培苗诱导生根的差异，并确定最适诱导生根浓度。

六 思考题

影响组培苗生根的因素有哪些？

实验十 试管苗的炼苗与移栽

一、实验目的和要求

通过试管苗的炼苗与移栽管理,掌握组培苗炼苗与移栽的基本方法与过程。

二、实验原理

试管苗生长在恒温、高湿、弱光、无菌和有完全营养供应的特殊条件下,这样的试管苗若未经充分锻炼,一旦被移出培养瓶后难以适应自然环境的变化,则很快失水萎蔫至死亡。通过炼苗,逐步改变试管苗的生长环境,促使气孔逐渐建立开闭机制,促使叶片逐渐启动光合功能等,提高试管苗的适应能力,为成功移栽打下基础。

三、实验材料和用具

1. 材料

2 瓶菊花生根苗(根长 1~2cm)。

2. 用具

温室,蛭石,小花盆(直径 10cm),喷雾器。

四 实验步骤

（1）炼苗：将已生根且生长健壮的生根苗连同培养瓶从培养室转移到温室里，控制光强为自然光照的20%、温度为18~25℃且昼夜有明显温差，持续3~4d；待其适应变温环境后再增加光照强度约为自然光照的50%，持续4~5d；经过充分的变温和光强刺激后，再揭开瓶盖降低瓶内温度，但需保持温室的空气湿度在85%以上；3~4d后观察到茎叶颜色加深、根系颜色变深并延长后（图10-1）可将苗从培养瓶中取出。

（2）移栽基质的准备：每个小花盆装入约3/5高度的蛭石，放入水池里浸盆，水池里加入花盆一半高度的水让其洇水，待蛭石充分吸饱水分后取出（并另外取一个花盆装满蛭石洇水，以备下一步覆土所需）。

图 10-1 菊花组培苗炼苗前后对比
a. 炼苗前；b. 炼苗后

（3）幼苗出瓶后，先洗去根系上沾附的培养基，并让不定根充分分散，再将其平放于基质上；覆盖蛭石完全掩埋根系直至根颈部。适当用力压紧后，轻捏住根颈部把苗往上略微提一下，再压实，这样可使根系充分接触到基质孔隙中的溶液。移栽完后，一次性浇透水。保持温度18~25℃，湿度在80%以上；同时注意通风，控制光照在50%左右。待小苗成活并开始长新梢后可逐渐增强通风，施稀薄的MS培养液作追肥，同时转入遮阴大棚里进行驯化管理。

五　实验报告

详细记录试管苗的炼苗及移栽管理过程，报告生长现象及移栽成活率。

六　思考题

如何提高试管苗移栽成活率？

注意事项：

试管苗炼苗的时机、具体措施和炼苗时长因植物种类而异。在移栽时切忌直接在基质表面挖洞后将根系塞入，这样会造成根系在基质中无法舒展，因而延长缓苗期或者降低成活率。

实验十一 试管苗的保存

一 实验目的

学习并掌握利用常温限制生长法进行试管苗保存的基本操作。

二 实验原理

在试管中保存植物种质的途径有多种，其中冷藏法和常温限制生长保存是比较常用的方法。冷藏法是将试管苗保存在非冻结程度的低温下（1~9℃），减慢植物植物材料老化过程；常温限制生长保存即在常温培养条件下，通过调控培养基成分或选择生长抑制剂，限制或延缓培养物生长，达到保存种质的目的。

三 实验材料和用具

1. 无菌类

4 瓶 5~6 周龄猕猴桃试管苗，5 瓶保存培养基，5 瓶对照培养基，2 个不锈钢托碟 + 吸水纸，2 把中号镊子，2 把解剖刀，2 把剪刀。

2. 非无菌类

1 台超净工作台，2 盏酒精灯，1 个火机，1 瓶 150ml 的 75% 乙醇，1 瓶酒精棉球，1 把大号镊子，1 个喷雾器，记号笔，鞋套，肥皂，毛巾。

四 实验步骤

（1）培养基配制：

①保存培养基：MS+NAA 0.1mg/L+PP$_{333}$ 2mg/L+2% 蔗糖 +0.6% 琼脂。

②对照培养基：MS+NAA 0.5mg/L+2% 蔗糖 +0.6% 琼脂。

（2）接种室的紫外线照射灭菌及人员无菌操作前准备。

（3）猕猴桃试管苗培养至 4~6cm 高时，将苗从基部剪下来，并切除茎基部的愈伤组织和清理发黄或变褐的叶片，过大的叶片可修剪掉 1/2，分别接种到含有多效唑的保存培养基和对照培养基上。每瓶接入 1~2 株，封口并外包一层牛皮纸。

（4）将培养物置于 25℃，光强 1500lx，光周期 12h/d 下培养和保存。2 个月后观察记录猕猴桃试管苗在保存培养基与对照培养基上的生长差异。

五 实验报告

各组分别将苗接种于保存培养基和对照培养基上，每月观察 1 次植株生长情况，并进行比较。

六 思考题

植物生长延缓剂延缓试管苗生长的机理是什么？

实验十二 茎尖分离与培养

一、实验目的

学习和掌握茎尖剥离和培养的基本方法。

二、实验原理

茎尖培养也称分生组织培养或生长点培养（图 12-1）。根据"植物体内病毒梯度分布学说"，病毒在植物体不同的组织和部位，其分布和浓度有很大差异，一般而言，病毒粒子含量随着植物组织的成熟而增加，顶端分生组织是不带病毒的，因而茎尖培养已成为消除病毒的一个常用手段。不过，应用茎尖培养消除病毒的主要局限在于过小的外植体培养成活率低。为了提高茎尖培养的成活率和脱毒效果，可以和热处理方法相结合使用。

图 12-1 茎尖切取示意图

三、实验材料和用具

1. 无菌类

3 支试管斜面，2 个不锈钢托碟 + 吸水纸，1 瓶 900ml 无菌水，1 个 500ml 烧杯，1 套培养皿，2 把中号镊子，2 把弯头镊子，2 把解剖针，1 片医用口罩。

2. 非无菌类

菊花嫩枝的顶芽或侧芽，矮牵牛实生苗（防虫室内培育）。

0.1% 升汞消毒液 200ml（加少量吐温 –20），1 个消毒缸，1 台超净工作台，1 台体视显微镜，2 盏酒精灯，1 个火机，1 个 1000ml 的废液缸，1 瓶 150ml 的 75% 乙醇，1 瓶酒精棉球，1 把大号镊子，1 个喷雾器，记号笔，鞋套，肥皂，毛巾。

四 实验步骤

1. 母株病毒的鉴定

从已出现植株矮化、花叶病状和坏死斑的菊花植株上剪取叶片，放于等体积（w/v）的缓冲液（0.1mol/L 磷酸钠）中，研磨成汁液，接种于已培育好的矮牵牛指示植物上。接种后，放置在 18~25℃的防虫室中观察 1 个月，记载症状反应。

2. 培养基制备

MS+6–BA 1.5mg/L+NAA 0.01mg/L+3% 蔗糖 +0.5% 琼脂，pH5.8。

3. 茎尖脱毒培养

（1）消毒处理，取母株的顶芽或腋芽，经充分冲洗后，先用 75% 乙醇处理 30s，再用 0.1% 升汞溶液消毒 4~5min。消毒结束后用无菌水清洗 5~6 次，吸干水分备用。

（2）茎尖剥离及接种，将培养皿置于体视显微镜下，用解剖针剥去顶芽外面的幼叶，直至看到表面光滑呈圆锥形的生长点，只剩下 1~2 个叶原基，切取约 0.3mm 的茎尖（如图 12-2 箭头所在位置），接种到培养基中培养。每个试管中接种 1 个茎尖，于 23℃ ±2℃，弱光下培养。一般经过 10d 左右，茎尖变绿并逐渐伸长。转移至光照条件下约 2 周，形成丛生芽。

4. 脱毒效果检测

培养 3~4 周后，待再生试管苗的叶片充分展开时，可从瓶中取出 2~3 株苗，用自来水冲洗干净基部附着的培养基后，整株放在研钵中磨成汁液。按 1 所述方法接种到矮牵牛植株上，在防虫

图 12-2 解剖镜下菊花的茎尖

室内培养，30d 后观察组培苗是否脱去相应病毒。

5. 无毒原种的保存

经初步检测后不携带病毒的无性系可经诱导生根后置冷藏条件下进行种质保存。也可根据实际需要，将丛生组培苗分割后，接种于增殖培养基中继代增殖。

五　实验报告

每人剥取 3 个茎尖培养，观察并记录茎尖在培养基上的生长发育过程。在结束培养周期后，统计脱毒率。

脱毒率 =（无毒苗无性系数 / 接种茎尖总数）× 100%

六　思考题

脱毒效果的检验方法有哪些？各有哪些特点？

实验十三
胚离体培养与无菌苗培育

一 实验目的

1. 了解无菌苗的应用价值。
2. 通过实验操作学习并掌握胚的剥离和接种培养的方法技术。

二 实验原理

在种子植物中，成熟胚在较为简单的只含大量元素的无机盐和糖的培养基上就可萌发生长，可培育得到无菌苗。无菌苗可直接作为组织培养的材料而不受消毒剂的伤害，也可以为脱毒种苗培育、原生质体制备、遗传转化提供材料。

三 实验材料和用具

1. 无菌类

4瓶培养基，2个不锈钢托碟+吸水纸，1瓶900ml无菌水，1个500ml烧杯，2把中号镊子，2把小号弯头镊子，2把解剖刀。

2. 非无菌类

新鲜的沙田柚种子。

20%（v/v）的次氯酸钠的消毒液400ml（加少量吐温-80），1个消毒缸，1台超净工作台，2盏酒精灯，1个火机，1个1000ml的废液缸，1瓶150ml的75%乙醇，1瓶酒精棉球，1把大号镊子，1个喷雾器，记号笔，鞋套，肥皂，毛巾。

四 实验步骤

1. 培养基的配制

无菌苗培养基：MT+5% 蔗糖 +0.6% 琼脂，pH5.8。

2. 种子的消毒和接种

将从沙田柚果实中新分离出来的种子用自来水冲洗干净，沥干水分。先用 75% 乙醇处理约 20s，再用 20%（v/v）次氯酸钠溶液表面消毒 10min，无菌水清洗 3 次。

3. 胚的剥离

在无菌条件下用解剖刀在种子一端切一小口，再用小镊子撕开种皮剥出胚，插入到培养基中，注意极性。每瓶接种 5~6 粒，将瓶口在火焰上烘烤几秒钟后封好瓶口。

4. 培养

培养温度 25℃，先进行 5d 暗培养；再转移到光照下培养，光照强度 1500lx，光周期 13h/d。约培养 5d 后有胚根长出，7~8d 子叶张开，露出胚芽（图 13-1）。

图 13-1　沙田柚成熟胚培养

五 实验报告

每人剥取 10 粒种子，接种于培养基上，观察种胚的萌发情况并统计萌发率。

实验十三 胚离体培养与无菌苗培育

六 思考题

胚离体培养的关键技术有哪些?

> **注意事项：**
>
> 柚类种子的种皮富含果胶，种子经清洗、消毒后表面变成黏稠状胶态，但其对操作的影响有限，可以不必花时间专门去除种皮上的果胶。只需要注意在种子一端切开小口时用刀角度是垂直切下，再用弯头小镊子撕开种皮，就可忽略果胶的影响。

实验十四
酶解法制备叶肉原生质体

一 实验目的

学习和掌握叶肉原生质体分离和培养的一般方法。

二 实验原理

酶解法是分离原生质体的主要方法，利用纤维素酶和果胶酶等降解胞间层和细胞壁，获得原生质体。叶肉细胞排列疏松，酶易作用于细胞壁，因而成为分离原生质体较好的材料。

三 实验材料和用具

1. 无菌类

沙田柚无菌苗（培养 20~30d）上充分展开的叶片。

酶液，EME 培养基，原生质体液体培养基，CPW13，CPW26，2 个不锈钢托碟 + 吸水纸，细菌过滤器，微孔滤膜，剪刀，培养皿（$\phi 9cm$，$\phi 6cm$），2 把中号镊子，不锈钢筛网，离心管，长嘴吸管。

2. 非无菌类

1 台超净工作台，显微镜，离心机，血细胞计数板，2 盏酒精灯，1 个火机，1 瓶 150ml 的 75% 乙醇，伊凡蓝染色液，1 瓶酒精棉球，1 把大号镊子，1 个喷雾器，记号笔，鞋套，肥皂，毛巾。

实验十四
酶解法制备叶肉原生质体

四 实验步骤

1. 培养基及各种工作液制备

EME 培养基（M1）：MT+0.6mol/L 蔗糖 +1500mg/L ME。

原生质体液体培养基（M2）：MT+50g/L 蔗糖 +82g/L 甘露醇 +80mg/L 腺嘌呤。

愈伤诱导培养基（M3）：MT+50g/L 蔗糖 +500mg/L ME+80mg/L 腺嘌呤。

酶液：1.5% 离析酶 R-10+1.0% 纤维素酶 R-10+12.8% 甘露醇 +0.12% MES+0.26% $CaCl_2 \cdot 2H_2O$，pH5.6，配制好后过滤灭菌。

界面离心液：CPW13（CPW 盐 +13% 甘露醇）和 CPW26（CPW 盐 +26% 蔗糖）。

2. 原生质体分离

取充分展开的叶片，放入预先加入 2ml 左右的 EME 培养基的无菌培养皿中，用无菌刀将叶片划成羽状，逐滴加入等量的酶液。在 26℃暗培养箱中静置酶解 10h（图 14-1a）。

3. 原生质体纯化

酶解结束后，酶液变为暗绿色。用吸管吸出原生质体悬浮液通过不锈钢筛网，除去未酶解完全的材料及大量细胞团。滤液 1500r/min 离心 10min，弃上清液，沉淀与 CPW13 混合均匀后，用 CPW13 甘露醇 -CPW26 蔗糖界面法 1000r/min 离心 4min（离心管下部加入 CPW26 蔗糖溶液 4ml，在其上面轻轻加入 2ml CPW13 甘露醇溶液，最后将悬浮液 2ml 轻轻加在上面，离心）。小心用吸管将两液面间的原生质体（图 14-1b）吸出，用 M2 培养基洗涤离心 5min。再悬浮于 M2 培养基中，将原生质体密度调整为 10^5 个 /ml 左右，备用。

图 14-1 叶肉原生质体分离与培养

a. 酶解；b. 界面法离心纯化（箭头处为位于两液间的叶肉原生质体）；c. 叶肉原生质体

4. 细胞计数

将清洁干燥的血球计数板盖上盖玻片，再用滴管将均匀的原生质体悬液由盖玻片滴上一小滴，让液体沿缝隙靠毛细渗透作用自动进入计数室。静置5min后在显微镜下计数，只读取计数室里原生质体的数目。

细胞密度（个/ml）=5个大格内总原生质体数$/80 \times 400 \times 10^4$

5. 活力测定

用伊凡蓝染色法进行原生质体活力测定：稀薄的伊凡蓝染色液（0.025%）染色1~2min后，在显微镜下进行活细胞计数。注意染色时间不可过长，否则活力细胞也会染上颜色。每个处理统计10个视野。

6. 液体浅层培养

取已制备好的悬浮液2ml在6cm培养皿上铺成一薄层，用封口膜封口进行暗培养3d，第4d转移至光下，每隔3d定期向培养皿中加入几滴0.1mol/L的低渗M2培养基。通常3d内可再生出细胞壁（图14-1c）；约3周后能形成肉眼可辨的小细胞团。可转移到M3培养基继续培养。

五、实验报告

通过分离和培养原生质体，指出该操作过程中的难点，并获得小细胞团。

六、思考题

1. 有哪些酶可用于叶肉原生质体分离？
2. 纯化原生质体方法有哪些？

附：CPW盐配方（pH 5.8）

化合物	浓度（mg/L）	化合物	浓度（mg/L）
KH_2PO_4	27.2	$MgSO_4 \cdot 7H_2O$	246.0
KNO_3	101.0	KI	0.16
$CaCl_2 \cdot 2H_2O$	1480.0	$CuSO_4 \cdot 5H_2O$	0.025

参考文献

陈劲枫，娄群峰，蔡润，等，2018. 植物组织培养与生物技术 [M]. 北京：科学出版社.

付春华，郭文武，邓秀新，2005. 柚类、橘类叶肉原生质体分离方法研究 [J]. 华中农业大学学报，24（5）：504-507.

龚一富，2011. 植物组织培养实验指导 [M]. 北京：科学出版社.

李浚明，朱登云，2005. 植物组织培养教程 [M]（第3版）. 北京：中国农业大学出版社.

刘庆昌，吴国良，2010. 植物细胞组织培养 [M]（第2版）. 北京：中国农业大学出版社.

刘子花，杨玲，2017. Hort16A猕猴桃顶芽培养 [J]. 湖北农业科学（4）：749-752.

仝瑞建，杨晓红，蒋猛，2005. 长寿沙田柚无菌苗培育研究 [J]. 中国农学通报，21（8）：278-281.

王蒂，陈劲枫，2013. 植物组织培养（第2版）[M]. 北京：中国农业出版社.

杨玲，牛祖林，陈虎庚，2012. 云南红豆杉组织培养条件研究 [J]. 现代农业科技（11）：143-144，150.

杨玲，王雪梅，2012. 长寿沙田柚不同外植体愈伤组织诱导的研究 [J]. 安徽农业科学，40（17）：9196-9199.

Reinert J，Yeoman M M 著，1988. 植物细胞和组织培养实验手册 [M]. 尤瑞麟，王模善译. 北京：北京大学出版社.

Wang S G，Li X Z，Lin S Y，et al.，2013. Micropropagation and Acclimatization of Pluots（"*Prunus simonii*"）with Semi-Lignified Branches[J]. 中华林学季刊，46（4）：447-457.

附录1 植物组织培养常用培养基

1. **MS培养基**（Murashige and Skoog，1962；硝酸盐、钾离子和铵离子含量较高，广泛地用于植物的器官、花药、细胞和原生质体培养）

化合物名称	浓度（mg/L）	化合物名称	浓度（mg/L）	化合称名称	浓度（mg/L）
NH_4NO_3	1650	$MnSO_4 \cdot 4H_2O$	22.3	肌醇	100
KNO_3	1900	$ZnSO_4 \cdot 7H_2O$	8.6	烟酸	0.5
$MgSO_4 \cdot 7H_2O$	370	H_3BO_3	6.2	甘氨酸	2
KH_2PO_4	170	KI	0.83	盐酸硫胺素	0.1
$CaCl_2 \cdot H_2O$	440	$Na_2MoO_4 \cdot 2H_2O$	0.25	盐酸吡哆醇	0.5
$FeSO_4 \cdot 7H_2O$	27.8	$CuSO_4 \cdot 5H_2O$	0.025		
$Na_2 \cdot EDTA \cdot 2H_2O$	37.3	$CoCl_2 \cdot 6H_2O$	0.025	pH	5.8

2. **N6培养基**（朱至清等，1974；不含钼，用于禾谷类植物的花药和花粉培养）

化合物名称	浓度（mg/L）	化合物名称	浓度（mg/L）	化合物名称	浓度（mg/L）
KNO_3	2830	$FeSO_4 \cdot 7H_2O$	27.8	KI	0.8
$(NH_4)_2SO_4$	463	$Na_2 \cdot EDTA \cdot 2H_2O$	37.3	甘氨酸	2
$MgSO_4 \cdot 7H_2O$	185	$MnSO_4 \cdot 4H_2O$	4.4	烟酸	0.5
KH_2PO_4	400	$ZnSO_4 \cdot 7H_2O$	1.5	盐酸硫胺素	1
$CaCl_2 \cdot H_2O$	166	H_3BO_3	1.6	盐酸吡哆醇	0.5

附录 1
植物组织培养常用培养基

3. Miller 培养基（Miller，1965；微量元素种类少，用于大豆愈伤组织培养和花药培养）

化合物名称	浓度（mg/L）	化合物名称	浓度（mg/L）	化合物名称	浓度（mg/L）
NH_4NO_3	1000	KCl	65	KI	0.8
KNO_3	1000	$Na·Fe·EDTA$	32	甘氨酸	2
$MgSO_4·7H_2O$	35	$MnSO_4·4H_2O$	4.4	烟酸	0.5
KH_2PO_4	300	$ZnSO_4·7H_2O$	1.5	盐酸硫胺素	0.1
$Ca(NO_3)_2·4H_2O$	347	H_3BO_3	1.6	盐酸吡哆醇	0.1

4. MT 培养基（Murashige and Tucher,1969；用于柑橘类植物培养）

化合物名称	浓度（mg/L）	化合物名称	浓度（mg/L）	化合物名称	浓度（mg/L）
NH_4NO_3	1650	$Na_2·EDTA·2H_2O$	37.3	$CoCl_2·6H_2O$	0.025
KNO_3	1900	$MnSO_4·4H_2O$	22.3	肌醇	100
$MgSO_4·7H_2O$	370	$ZnSO_4·7H_2O$	8.6	烟酸	0.5
KH_2PO_4	170	H_3BO_3	6.2	盐酸吡哆醇	0.5
$CaCl_2·H_2O$	440	KI	0.83	甘氨酸	2
$FeSO_4·7H_2O$	27.8	$CuSO_4·5H_2O$	0.025	pH	5.8

5. Nitsch 培养基（Nitsch，1969；无机盐含量约为 MS 培养基一半，用于花药培养）

化合物名称	浓度（mg/L）	化合物名称	浓度（mg/L）	化合称名称	浓度（mg/L）
NH_4NO_3	720	$MnSO_4·4H_2O$	25	甘氨酸	2
KNO_3	950	$ZnSO_4·7H_2O$	10	盐酸硫胺素	0.5
$MgSO_4·7H_2O$	185	H_3BO_3	10	盐酸吡哆醇	0.5
KH_2PO_4	68	$CuSO_4·5H_2O$	0.025	叶酸	0.5
$CaCl_2$	166	$Na_2MoO_4·2H_2O$	0.25	生物素	0.05
$FeSO_4·7H_2O$	27.8	肌醇	100		
$Na_2·EDTA·2H_2O$	37.3	烟酸	5	pH	6.0

6. H 培养基（Bourgin and Nitsch, 1967；大量元素约为 MS 培养基的一半、维生素种类多，用于一般组织培养）

化合物名称	浓度（mg/L）	化合物名称	浓度（mg/L）	化合物名称	浓度（mg/L）
KNO_3	950	$MnSO_4 \cdot 4H_2O$	25	甘氨酸	2
NH_4NO_3	720	$ZnSO_4 \cdot 7H_2O$	10	叶酸	0.5
$MgSO_4 \cdot 7H_2O$	185	H_3BO_3	10	盐酸硫胺素	0.5
KH_2PO_4	68	$Na_2MoO_4 \cdot 2H_2O$	0.25	盐酸吡哆醇	0.5
$CaCl_2 \cdot H_2O$	166	$CuSO_4 \cdot 5H_2O$	0.025	生物素	0.05
$FeSO_4 \cdot 7H_2O$	27.8	肌醇	100		
$Na_2 \cdot EDTA \cdot 2H_2O$	37.3	烟酸	0.5	pH	5.5

7. LS 培养基（Linsmaier and Skoog, 1965；与 MS 培养基类似，用于一般组织培养）

化合物名称	浓度（mg/L）	化合物名称	浓度（mg/L）	化合物名称	浓度（mg/L）
NH_4NO_3	1650	$Na_2 \cdot EDTA \cdot 2H_2O$	37.3	$CuSO_4 \cdot 5H_2O$	0.0025
KNO_3	1900	$MnSO_4 \cdot 4H_2O$	22.3	$CoCl_2 \cdot 6H_2O$	0.0025
$MgSO_4 \cdot 7H_2O$	370	$ZnSO_4 \cdot 7H_2O$	8.6	甘氨酸	100
KH_2PO_4	170	H_3BO_3	6.2	盐酸硫胺素	0.4
$CaCl_2 \cdot H_2O$	400	KI	0.83		
$FeSO_4 \cdot 7H_2O$	27.8	$Na_2MoO_4 \cdot 2H_2O$	0.025	pH	5.8

8. ER 培养基（Eriksson, 1965；与 MS 培养基类似，用于多种植物组织培养）

化合物名称	浓度（mg/L）	化合物名称	浓度（mg/L）	化合物名称	浓度（mg/L）
NH_4NO_3	1200	$Na_2 \cdot EDTA \cdot 2H_2O$	37.3	$CoCl_2 \cdot 6H_2O$	0.0025
KNO_3	1900	$MnSO_4 \cdot 4H_2O$	2.23	烟酸	0.5
$MgSO_4 \cdot 7H_2O$	370	$Zn \cdot Na_2 \cdot EDTA$	15	甘氨酸	2
KH_2PO_4	340	H_3BO_3	0.63	盐酸硫胺素	0.5
$CaCl_2 \cdot H_2O$	440	$Na_2MoO_4 \cdot 2H_2O$	0.025	盐酸吡哆醇	0.5
$FeSO_4 \cdot 7H_2O$	27.8	$CuSO4 \cdot 5H_2O$	0.0025	pH	5.8

附录 1 植物组织培养常用培养基

9. B5 培养基（Gamborg，1968；含有较高的硝酸钾和盐酸硫胺素，但铵态氮含量低，用于南洋杉、葡萄等木本植物及豆科、十字花科植物的培养）

化合物名称	浓度（mg/L）	化合物名称	浓度（mg/L）	化合物名称	浓度（mg/L）
KNO_3	2527.5	$MnSO_4 \cdot H_2O$	10	$CoCl_2 \cdot 6H_2O$	0.025
$(NH_4)_2SO_4$	134	$ZnSO_4 \cdot 7H_2O$	2	肌醇	100
$MgSO_4 \cdot 7H_2O$	246.5	H_3BO_3	3	烟酸	1
$NaH_2PO_4 \cdot H_2O$	150	KI	0.75	盐酸硫胺素	10
$CaCl_2 \cdot H_2O$	150	$Na_2MoO_4 \cdot 2H_2O$	0.25	盐酸吡哆醇	1
$NaFe \cdot EDTA$	28	$CuSO_4 \cdot 5H_2O$	0.025	pH	5.8

10. WPM 培养基（McCown and Lloyd，1982；硝态氮和 Ca、K 含量高，不含碘和锰，用于木本植物培养）

化合物名称	浓度（mg/L）	化合物名称	浓度（mg/L）	化合物名称	浓度（mg/L）
NH_4NO_3	400	$Ca(NO_3)_2 \cdot 4H_2O$	556	$CuSO_4 \cdot 5H_2O$	0.025
K_2SO_4	990	$Na_2 \cdot EDTA \cdot 2H_2O$	37.3	肌醇	100
$MgSO_4 \cdot 7H_2O$	370	$MnSO_4 \cdot 4H_2O$	22.3	烟酸	0.5
KH_2PO_4	170	$ZnSO_4 \cdot 7H_2O$	8.6	甘氨酸	2
$CaCl_2 \cdot H_2O$	96	H_3BO_3	6.2	盐酸硫胺素	1
$FeSO_4 \cdot 7H_2O$	27.8	$Na_2MoO_4 \cdot 2H_2O$	0.25	盐酸吡哆醇	0.5

11. White 培养基（White，1963；无机盐含量较低，用于生根培养和胚胎培养）

化合物名称	浓度（mg/L）	化合物名称	浓度（mg/L）	化合物名称	浓度（mg/L）
KNO_3	80	KCl	65	甘氨酸	3
Na_2SO_4	200	$MnSO_4 \cdot 4H_2O$	5	烟酸	0.3
$MgSO_4 \cdot 7H_2O$	720	$ZnSO_4 \cdot 7H_2O$	3	盐酸硫胺素	0.1
$NaH_2PO_4 \cdot H_2O$	16.5	H_3BO_3	1.5	盐酸吡哆醇	0.1
$Ca(NO_3)_2 \cdot 4H_2O$	200	KI	0.75		
$Fe_2(SO_4)_3$	2.5	MoO_3	0.001	pH	5.6

12. SH 培养基（Schenk and Hildebrandt，1972，硝酸钾含量高但铵态氮含量低；用于松树组织培养）

化合物名称	浓度（mg/L）	化合物名称	浓度（mg/L）	化合物名称	浓度（mg/L）
KNO_3	2500	$MnSO_4 \cdot H_2O$	10	$CoCl_2 \cdot 6H_2O$	0.1
$NH_4H_2PO_4$	300	$ZnSO_4 \cdot 7H_2O$	0.1	肌醇	1000
$MgSO_4 \cdot 7H_2O$	400	H_3BO_3	5	烟酸	5
$CaCl_2 \cdot H_2O$	200	KI	1	盐酸硫胺素	5
$FeSO_4 \cdot 7H_2O$	15	$Na_2MoO_4 \cdot 2H_2O$	0.1	盐酸吡哆醇	0.5
$Na_2 \cdot EDTA \cdot 2H_2O$	20	$CuSO_4 \cdot 5H_2O$	0.2	pH	5.8

附录 2
常用植物生长调节物质的浓度换算

1. mg/L → μmol/L（10^{-3} mmol/L，10^{-6} mol/L）

mg/L	μmol/L								
	2,4-D	NAA	IBA	IAA	BA	KT	ZT	2-iP	GA$_3$
1	4.524	5.371	4.921	5.508	4.439	4.647	4.561	4.920	2.887
2	9.048	10.741	9.841	11.417	8.879	9.293	9.122	9.840	5.774
3	13.572	16.112	14.762	17.125	13.318	13.940	13.683	14.760	8.661
4	18.096	21.482	19.682	22.834	17.757	18.586	18.244	19.680	11.548
5	22.620	26.853	24.603	28.542	22.197	23.233	22.805	24.600	14.435
6	27.144	32.223	29.523	34.250	26.636	27.88	27.366	29.520	17.322
7	31.668	37.594	34.444	39.959	31.075	32.526	31.927	34.440	20.210
8	36.192	42.964	39.364	45.667	35.514	37.173	36.488	39.360	23.096
9	40.716	48.335	44.285	51.376	39.954	41.820	41.049	44.280	25.984

注：将毫克质量浓度（mg/L）换算为微摩尔浓度（μmol/L）换算公式为：毫克质量浓度 / 相对分子质量 ×10^3= 微摩尔浓度

2. μmol/L → mg/L

μmol/L	mg/L								
	2,4-D	NAA	IBA	IAA	BA	KT	ZT	2-iP	GA$_3$
1	0.2210	0.1862	0.2032	0.1752	0.2253	0.2152	0.2192	0.2032	0.3464
2	0.4421	0.3724	0.4064	0.3504	0.4505	0.4304	0.4384	0.4064	0.6297
3	0.6631	0.5586	0.6094	0.5255	0.6758	0.6456	0.6567	0.6996	1.0391
4	0.8842	0.7448	0.8128	0.7008	0.9010	0.8608	0.8788	0.8128	1.3855
5	1.1052	0.9310	1.0160	0.8759	1.1263	1.0761	1.0960	1.0160	1.7319
6	1.3262	1.1172	1.2192	1.0511	1.3516	1.2913	1.3152	1.2190	2.0782
7	1.5473	1.3034	1.4224	1.2263	1.5768	1.5065	1.5344	1.4224	2.4246
8	1.7683	1.4896	1.6256	1.4014	1.8021	1.7217	1.7536	1.6256	2.7712
9	1.9894	1.6758	1.8288	1.5768	2.0273	1.9369	1.9728	1.8288	3.1176

注：将毫摩尔浓度换算为毫克质量浓度换算公式为：微摩尔浓度 × 相对分子质量 ×10^{-3}= 毫克质量浓度

附录3 常用消毒剂简表

消毒剂	使用浓度（%）	消毒时间（min）	消毒效果	注意事项
酒精	70~75	0.2~1	好	70%~75%的酒精杀菌作用最强
漂白粉（含氯石灰）	饱和溶液	5~30	很好	随配随用
次氯酸钠	2	5~30	很好	随配随用
次氯酸钙	5~10	5~30	很好	随配随用
过氧化氢	10~12	5~15	好	随配随用
硝酸银	1	5~30	好	
新洁尔灭	0.5	30	很好	
氯化汞	0.1~1	2~10	最好	有剧毒，应严格注意安全

附录 4
植物组织培养常用缩略语

简写	英文名	中文名
BA	6-benzyladenine	6-苄基腺嘌呤
BAP	6-benzylaminopurine	6-苄氨基嘌呤
2,4-D	2,4-dichlorophenoxyacetic acid	2,4-二氯苯氧乙酸
EDTA	ethylenediaminetetraacetate	乙二胺四乙酸盐
GA_3	gibberellic acid	赤霉素
IAA	indole-3-acetic acid	吲哚乙酸
IBA	indole-3-butyric acid	吲哚丁酸
2-iP	6-(γ,γ-dimethylallylamino)purine 或 2-isopentenyladenine	二甲基丙烯嘌呤或异戊烯腺嘌呤
KT	kinetin	激动素
NAA	α-naphthaleneacetic acid	萘乙酸
PCPA	4-chlorophenoxyacetic acid	对氯苯氧乙酸
PP_{333}	paclobutrazol	多效唑
TDZ	thidiazuron	噻苯隆
v/v	volume/volume（concentration）	容积/容积
w/v	weight/volume（concentration）	质量/容积
ZT	zeatin	玉米素

附录 5
植物组织培养实例

例 1　长寿沙田柚愈伤组织的诱导（杨玲等，2012）

长寿沙田柚（*Citrus grandis* 'Shatianyou Changshou'）系广西沙田柚的实生变异，是柚类的中熟品种，果实耐贮运；果肉甚甜，酸度低，富含可溶性固形物及维生素 C，有"源于沙田，优于沙田"的美誉。但沙田柚果实种子数偏多，影响其商品价值及在国际市场上的竞争力。近年来，随着生物技术的迅速发展，如原生质体诱变、基因工程等技术在我国柚类遗传转化培育优良品种中的应用已成为新的发展趋势。因此，建立一个高效离体再生体系对于柚类的遗传转化十分重要。

1. 无菌苗培养

新鲜饱满种子经 2% 次氯酸钠表面消毒，无菌水清洗后剥去种皮，接种于 MT 培养基中，25℃±2℃下培养，先暗培养，至第 6 天时转移到光照下培养，光强度 1500lx，每天光照 13h。培养 20d 时切取外植体。

2. 取材

采用无菌苗的上胚轴、下胚轴及子叶节段（切去子叶，带部分上、下胚轴）为外植体。

3. 培养基配制

以 MT+5% 蔗糖 +0.7% 琼脂（pH5.8）为基础培养基，添加不同浓度的附加 6-BA（0.5~2mg/L）和 NAA（0.5~1mg）或 6-BA（0.5~2mg/L）和 2,4-D（1~2mg/L）。

4. 接种和培养

切取外植体长度约为 1cm，把外植体形态学下端插入培养基中。置于 25℃±2℃散射光下培养。

5. 愈伤组织的诱导

（1）由上胚轴诱导愈伤组织：上胚轴在附加 6-BA 和 NAA 培养基中不易产生愈伤组织。在附加 6-BA 1~2mg/L 和 2,4-D 1~2mg/L 时，形成米白色至白泛浅绿色，结构松脆的愈伤组织；但因愈伤组织质地较硬、表面干燥，容易褐化，不利于用于后续的增殖培养。

（2）由子叶节段诱导愈伤组织：子叶节段在附加外源激素 6-BA 和 NAA 的培养基中容易产生不定芽。但将 NAA 换成 2,4-D 后，能诱导形成米白色愈伤组织，愈伤组织表面干燥、结构松散，质感较坚硬，褐化速度快，这样的愈伤组织也不能进一步增殖培养。

（3）由下胚轴诱导愈伤组织：下胚轴是比较适合诱导愈伤组织的外植体类型。培养基中附加 6-BA 0.5~2mg/L 和 NAA 0.5~1mg/L 或 6-BA 0.5~2mg/L 和 2,4-D 1~2mg/L，均能形成愈伤组织。大约培养 3 周后，MT+6-BA 1.0mg/L+2,4-D 1.0mg/L 培养基诱导的愈伤组织颜色为象牙白色，表面湿润，增殖较多，质量最好。

长寿沙田无菌苗不同外植体愈伤组织诱导反应如图 1 所示。

图 1　长寿沙田柚无菌苗不同外植体愈伤组织诱导反应

a. 上胚轴在附加 6-BA 和 NAA 的培养基上产生不定芽；b. 上胚轴在附加 6-BA 和 2,4-D 的培养基上产生愈伤组织；c. 子叶节段在附加 6-BA 和 NAA 的培养基上产生不定芽；d. 子叶节段在附加 6-BA 和 2,4-D 的培养基上产生愈伤组织；e 和 f 为下胚轴在附加 6-BA 和 2,4-D 的培养基上的培养反应

例2 云南红豆杉的初代培养（杨玲等，2012）

云南红豆杉（*Taxus yunnanensis*），国家一级保护植物，不仅是珍贵用材树种，而且其枝、叶、树皮中含有紫杉醇等抗癌活性物质，是国产红豆杉中紫杉醇等抗癌活性物质含量较高的树种，具有较高的药用开发价值。但人们掠夺式的生产经营活动，导致云南红豆杉天然资源锐减，为保护这一珍贵物种资源，应积极进行云南红豆杉种苗培育。尽管云南红豆杉可通过种子和扦插育苗，但种子休眠期长并不适合云南红豆杉人工造林的需要；此外，扦插繁殖对采穗母树的具有年龄要求并且受季节的限制。采用植物组织培养，可加快其繁殖速度（图2）。

图2 云南红豆杉枝条的离体培养
a. NAA 1.0+6-BA 3.0处理下芽的生长；b. IBA 2.0+6-BA 3.0处理下芽的生长

1. 取材

于7月采集云南红豆杉当年生、半木质化枝条，此时的枝条营养芽已发育饱满，利于离体培养后快速发芽。不宜选用秋天的枝条，因此时红豆杉生长不够旺盛且包裹在芽外的鳞片缝隙间留存了大量微生物，难以彻底消毒。

2. 培养基配制

（1）B_5+6-BA 2~3mg/L+IBA 1~2mg/L+0.2%活性炭+3%蔗糖+0.7%琼脂，pH5.8。

（2）B_5+6-BA 2~3mg/L+NAA 1~2mg/L+0.2%活性炭+3%蔗糖+0.7%琼脂，pH5.8。

3. 外植体消毒处理

先用洗衣粉溶液清洗并冲洗干净后，再用流水冲洗约2h，捞出吸干水分后转移至超净工作台进行表面灭菌。先用 70% 乙醇浸泡 30s，再用 0.1% 的 HgCl₂ 溶液加吐温消毒处理 8~15min，然后用无菌水清洗 6 次备用。

4. 接种和培养

将消毒后的外植体剪成约 2.5cm 的茎段，每段带有 1~2 个腋芽，以形态学下端插入培养基上。置于光强 1500~2000lx，光周期 16h/d，温度 25℃ 左右下培养。

5. 腋芽萌发

培养基（1）和（2）都适合诱导腋芽萌发。约培养 2 周后，外植体上腋芽开始膨大、顶端转为浅黄色，然后开始伸长。不过，将长到 2~3cm 侧枝切下进行继代增殖培养时，多数新枝生长停滞，无法获得理想的增殖体系。还需对增殖技术进行进一步研究。

例 3　美国杏李的组培快繁（王曙光等，2013）

美国杏李（*Prunus simonii*）是杏和李通过多代杂交、回交而得的杂交品种，具有李子和杏子的双重风味。其果实具独特的浓郁香味，口感甜润，含糖量比任何一种杏或李都高得多，可溶性固形物含量 18%~20%，具有较高的营养价值与经济价值。美国杏李自 20 世纪 90 年代培育成功以来，因其适应性强、结果早、高产稳定等特点，被欧洲、南美洲、澳大利亚及中国等地纷纷引种。采用植物组织培养，可加快其繁殖速度，向市场提供大量优质苗木（图 3）。

1. 取材

以'天鹅绒'杏李当年生半木质化枝条为外植体。其中李基因占 25%，杏基因占 75%，果实近圆形，全红艳丽，均重 100g，果肉黄色，质地致密，浓甜适口，具有杏的香味。

2. 消毒处理

将枝条剪去叶片，勿损伤芽点，以 1~2 个芽点（长约 10cm）为一段剪成的枝段，先用 3%（w/v）多菌灵浸泡 5~10min，流水冲洗 30min；转移至超净工作台上用 70% 的乙醇浸泡 30s 后经 0.1% HgCl₂ 消毒 8min，无菌水冲洗 5 次。

3. 培养基配制

以 WPM 为基本培养基，各培养基均添加 3%（w/v）蔗糖，0.7% 卡拉胶，pH 值 5.7。

图 3 美国杏李的组培快繁

a.不定芽增殖；b.诱导生根；c-d.温室里炼苗，在炼苗成功后将组培苗根部的培养基清洗干净；
e.移栽于育苗杯中

（1）初代培养基：WPM + IBA 0.1mg/L + BA 1.0mg/L + VC 10.0mg/L。

（2）增殖培养基：WPM + IBA 0.2mg/L + BA 1.5mg/L + VC 15.0mg/L。

（3）生根培养基：WPM + IBA 1.0mg/L + BA 0.2mg/L + 0.5g/LVC。

4. 腋芽萌发

将消毒后的外植体接种于初代培养基上。培养条件：培养温度 24 ± 2℃，光周期 14h/d，光照 1500~2000lx。培养约 2 周后，腋芽开始萌发。

5. 增殖培养

待新枝长长、高约 1cm 以上时，将其剪下接种到增殖培养基中进行不定芽增殖诱导。一般培养 20d 后，有大量不定芽形成，增殖倍数可达 3.3 以上。

6. 生根培养

将生长良好的不定芽剪下后接种到生根培养基中，培养 3 周左右可 100% 诱导生根。选取生长健壮的组培苗用于炼苗移栽，炼苗基质用腐殖土：珍珠岩：沙子 =1：1：1 为好。

例4 Hort16A 猕猴桃的组培快繁（刘子花等，2017）

Hort16A 猕猴桃（*Actinidia chinensis*）是新西兰园艺与食品研究院杂交选育而成的猕猴桃新品种，属中华猕猴桃。其树势强健，适应性广，果肉黄色至金黄色，风味甜香，果实倒圆锥形，重80~140g，10月中旬成熟，耐贮藏，市场发展潜力巨大。Hort16A 为雌雄异株，采用植物组织培养技术可实现对良种猕猴桃的快速繁殖。在器官再生方式中，通过丛生芽发生型途径进行器官再生，具有使无性系后代保持原品种的特性的优点（图4）。

图4 Hort16A 猕猴桃茎尖组培现象
a. 顶芽发育成幼芽；b. 诱导分化的丛生芽；c~d. 组培苗再生出质量较好的不定根

1. 取材
选择生长旺盛、无病虫害的 Hort16A 猕猴桃雌株上带顶芽的枝条。

2. 培养基配制
（1）丛生芽诱导培养基：MS+6-BA 1mg/L+NAA 0.03mg/L+3% 蔗糖+0.7% 琼脂（pH 5.8）。

（2）生根培养基：1/2MS+IBA 0.5mg/L+3% 蔗糖+0.7% 琼脂（pH5.8）。

3. 外植体消毒
将采回带顶芽的枝条先用洗涤剂溶液刷洗，再用自来水充分冲洗。沥干水分后转移至超净工作台进行表面灭菌，75%的乙醇浸泡 30s 后，用 20%的次氯酸钠溶液（每升滴加 5 滴吐温 –80）进行表面灭菌 14~16 min，然后用无菌水清洗。

4. 接种和培养

将消毒后的材料切取 0.3~0.5cm 大小的顶芽接种于培养基上。培养条件：培养温度 25℃ ±2℃，暗培养 20d 左右，待顶芽发育为幼芽后再转移到光照下培养，光周期 12h/d，光照 1000 lx。

5. 丛生芽诱导

培养物转移到光照下继续培养 3 周后，产生较多丛生芽。若想获得更多的增殖芽，可将丛生芽切下后接种到新的诱导培养基中。该培养基既能诱导丛生芽形成，又可进行继代培养。

6. 生根诱导

将生长健壮的组培苗剪下后接种到生根培养基中。该生根培养基易于诱导 Hort16A 猕猴桃组培苗再生不定根，约培养 15d 后有不定根再生，根条数多且根分布均匀。根平均长度在 2cm 以上时，可进行炼苗移栽。